U0058526

買嘛，買嘛，

買給尼尼！

圖 原愛美
文 Keropons
譯 詹慕如

尼尼最愛吃爆米花了。

惡魔城暢銷冠軍！
爆米花
POPCORN
POPCORN

爆、爆、爆米花！

買嘛，買嘛，買給我！

POPCORN
POPCORN

爆、爆、爆米花！

今天不買喔，

家裡還有好多點心呢。

爆ㄅㄠˋ、爆ㄅㄠˋ、爆ㄅㄠˋ米ㄇㄧˇ花ㄏㄨㄚ！

買ㄇㄞˇ嘛ㄚ˙，買ㄇㄞˇ嘛ㄚ˙，買ㄇㄞˇ給ㄍㄟˇ我ㄨㄛˇ！

爆、爆、爆米花！

下次再買喔。♪

惡魔城暢銷冠軍！
爆米花
POPCORN
POPCORN

爆ㄅㄠˋ、爆ㄅㄠˋ、爆ㄅㄠˋ米ㄇㄧˇ花ㄏㄨㄚ！

買ㄇㄞˇ嘛ㄇㄚ˙，買ㄇㄞˇ嘛ㄇㄚ˙，哼ㄏㄥ哼ㄏㄥ哼ㄏㄥ！

爆ㄅㄠˋ、爆ㄅㄠˋ、爆ㄅㄠˋ米ㄇㄧˇ花ㄏㄨㄚ！

買ㄇㄞˇ嘛ㄚ˙，買ㄇㄞˇ嘛ㄚ˙，買ㄇㄞˇ嘛ㄚ˙！

哼ㄏㄥˊ哼ㄏㄥˊ哼ㄏㄥˊ哼ㄏㄥˊ哼ㄏㄥˊ！

ooh!

好啊，我們買一桶爆米花吧。

爆ㄅㄠˋ、爆ㄅㄠˋ、

爆ㄅㄠˋ米ㄇㄧˇ花ㄏㄨㄚ……。

爆ㄅㄠˋ、爆ㄅㄠˋ、

爆ㄅㄠˋ米ㄇㄧˇ花ㄏㄨㄚ……。

尼ㄋㄧˊ尼ㄋㄧˊ也ㄧㄝˇ想ㄒㄧㄤˇ要ㄧㄠˋ啦ㄌㄚ˙！

買ㄇㄞˇ嘛ㄇㄚ˙！買ㄇㄞˇ嘛ㄇㄚ˙！買ㄇㄞˇ嘛ㄇㄚ˙！買ㄇㄞˇ嘛ㄇㄚ˙！

唉，這孩子真是的……。

不過，

媽媽知道喔……

尼尼最愛
吃爆米花了，
對吧？

不然，

我們明天一起動手做爆米花，

你說好不好？

好！

尼尼今天真棒！

爆ㄅㄠˋ、爆

爆米花！

砰、砰、砰！

真好吃！

繪本 0319

買嘛，買嘛，買給尼尼！

圖｜原愛美　文｜ Keropons　譯｜詹慕如

責任編輯｜張佑旭　美術設計｜廖瑞環　行銷企劃｜張家綺
天下雜誌群創辦人｜殷允芃　董事長兼執行長｜何琦瑜
媒體暨產品事業群
總經理｜游玉雪　副總經理｜林彥傑　總編輯｜林欣靜
資深主編｜蔡忠琦　版權主任｜何晨瑋、黃微真
出版者｜親子天下股份有限公司　地址｜台北市 104 建國北路一段 96 號 4 樓
電話｜(02)2509-2800　傳真｜(02)2509-2462　網址｜www.parenting.com.tw
讀者服務專線｜(02)2662-0332　週一～週五：09:00 ～ 17:30
讀者服務傳真｜(02)2662-6048　客服信箱｜parenting@cw.com.tw
法律顧問｜台英國際商務法律事務所．羅明通律師
製版印刷｜中原造像股份有限公司
總經銷｜大和圖書有限公司　電話：(02)8990-2588

出版日期｜2023 年 4 月第一版第一次印行
2023 年 4 月第一版第二次印行
定價｜300 元　書號｜BKKP0319P　ISBN|978-626-305-426-4 (精裝)

訂購服務 ----------
親子天下 Shopping｜shopping.parenting.com.tw
海外．大量訂購｜parenting@cw.com.tw
書香花園｜台北市建國北路二段 6 巷 11 號 電話 (02)2506-1635
劃撥帳號｜50331356 親子天下股份有限公司
書香花園｜台北市建國北路二段 6 巷 11 號 電話 (02)2506-1635
劃撥帳號｜ 50331356 親子天下股份有限公司

立即購買 >
親子天下 Education · Parenting Family Lifestyle　親子天下 Shopping
親子天下 有聲故事書

ONI NO KO NIKO CHAN KATTE KATTE PON!
Illustrations copyright©2020 AIMI HARA
Text copyright©2020 KEROPONS
All rights reserved.
First published in Japan in 2020 by POPLAR Publishing Co., Ltd.
Traditional Chinese translation rights arranged with POPLAR Publishing Co., Ltd.
through Future View Technology Ltd., Taiwan
Traditional Chinese translation rights © 2023 by CommonWealth Education Media and Publishing Co., Ltd.

圖　原愛美

插畫家、藝術總監。
從人物設計至廣告涉足多領域。
以自家兩歲多孩子為範本設計出細膩寫實且惹人憐愛的小尼尼形象。

文　Keropons

增田裕子和平田明子所組成的音樂團體。
創作出適合孩子歌謠的作詞、作曲與編舞，也在親子演唱會或以保育員為對象的講座中演出。除此之外亦發表繪本作品。

國家圖書館出版品預行編目資料

買嘛,買嘛,買給尼尼! / 原愛美圖 ; Keropons 文 ;
詹慕如譯. -- 第一版. -- 臺北市 : 親子天下股份有限公司, 2023.04
40 面 ;19X20 公分. -- (繪本 ; 319) 國語注音
ISBN 978-626-305-426-4(精裝)
1.CST: 育兒 2.CST: 繪本 3.SHTB: 心理成長--0-3 歲幼兒讀物
428.8　112001113